JN242378

もしも宇宙を旅したら
もしも宇宙でくらせたら

惑星（わくせい）MAPS（マップス）

～太陽系図絵～

文 宇宙兄さんズ　絵 イケウチリリー

子供の科学 特別編集

誠文堂新光社

さあ、宇宙にでかけよう！

夜、空を見上げると、月が明るくかがやいて見えますね。月は、わたしたちが住んでいる地球のまわりを回っています。衛星とよばれる天体です。

地球は太陽のまわりを回っている、惑星とよばれる天体です。みんなも知っているように、太陽のまわりを回っている惑星は地球だけではありません。水星、金星、火星、木星、土星、天王星、海王星もそうです。かつて、アメリカの宇宙飛行士が、宇宙船で月に行きました。そして、月の上を歩いたり、石をひろったりして地球に帰ってきました。まだ惑星へたどり着いた人はいませんが、その方法を世界中の研究者が調べ、考えています。もしかしたら、みんなが大人になるころ行けるようになるかもしれない、というところまできています。

そこでこの本では一足お先に、惑星をめぐる旅を案内します。まずおとなりの惑星である火星へ、そして、そのほかの惑星にも行きます。それぞれの惑星には、そのまわりを回る、地球で言えば月のような衛星もあるかもしれません。惑星の中の様子は、地球と似ているかもしれませんし、まったく似ていないかもしれません。わかっていないことだらけですが、だからこそ楽しい冒険になるでしょう！

きみと一緒に冒険するなかま

きみと一緒に惑星の旅に出かけるなかまのクルー（乗組員）を紹介します。
個性の強い２人とロボット１体です。
それぞれ得意なこともあれば苦手なこともありますが、力を合わせて冒険を成功させよう！

ユニ

ロマンチスト。星がキラキラ光る宇宙にあこがれて参加したよ。慎重な性格だから宇宙船のナビゲーター役にピッタリ。ものをつくるのが好きなメカニックでもあるから、宇宙船やクマムシンの修理もおまかせだ。

クマムシン

小型のペット型ロボット。好奇心が強くて、いろいろなものに興味津々。少し落ちつかないところもあるけれど、物知りでじつは一番たよりになる。どんな環境にもたえられるようにできていて、のびちぢみするあしを６本持っているぞ。

コスモ

今回のクルーの中で一番冒険心が強い。宇宙船の操縦はぴかいちのうでまえ。広い宇宙をどんどん進んじゃうぞ。やさしく、みんなのことをいつも考えているリーダー的存在。ときどきおっちょこちょいなところもあるから助けてあげよう。

惑星MAPS ～太陽系図絵～

もくじ

太陽から各惑星までの距離

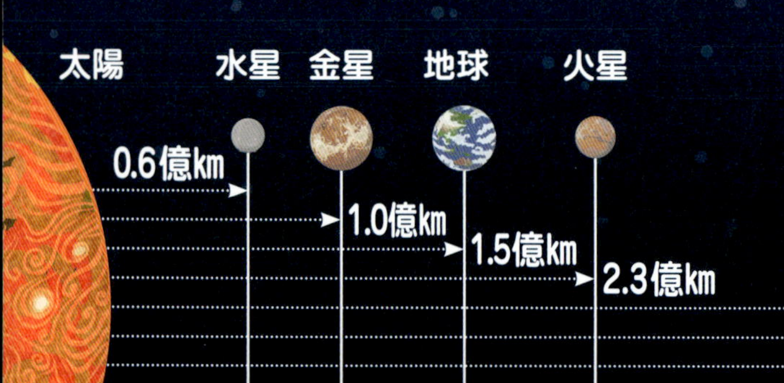

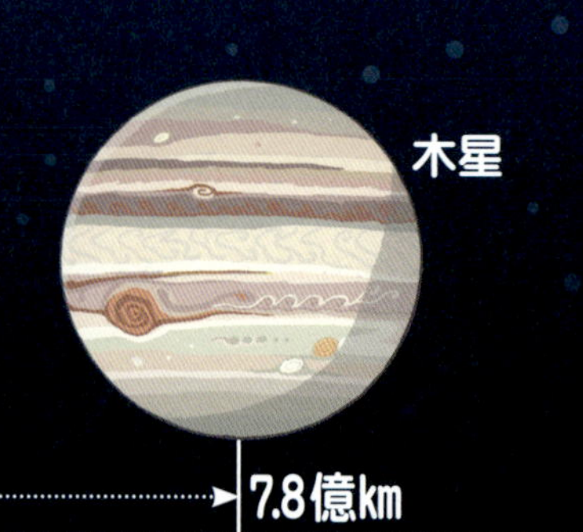

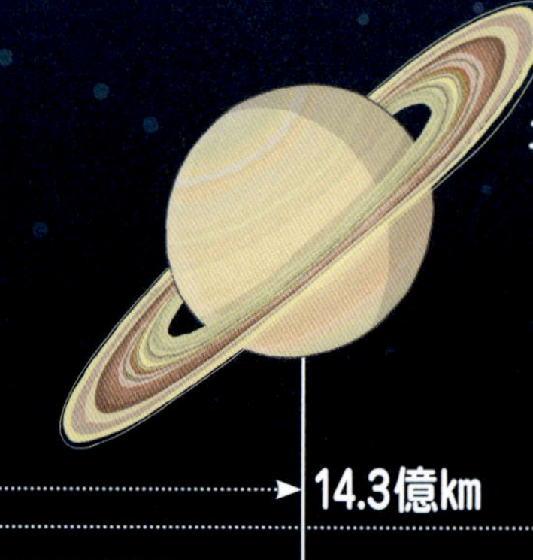

おうちの方へ

本書は、2018年5月現在の研究データをもとに、それぞれの惑星や星の特徴を、子供向けに分かりやすく物語にしたものです。星を旅したりくらしたりする物語部分は、お子さんの持つ冒険心、好奇心、ものづくりの心に火をつけるための点火スイッチになればと考えました。「宇宙はどうなっているのかな。こんな星なら行ってみたいね。遠くまで行けるロケットをつくれたらいいね。宇宙人ているのかな？」と言葉がけしていただけましたら幸いです。

海王星

45.0億km

惑星旅行のしおり

みなさんは冒険は好きですか？
これから行く惑星は、わたしたちの地球とはちがうことだらけ！
楽しんできてください。

服装

宇宙船や基地の中はいつもの服で大丈夫ですが、外の宇宙空間は、みんながすえる空気がなかったり、たえられないくらいあつかったり、さむかったり、まわりからおされてつぶれそうになったり、きけんなものがいろいろ飛んできたりします。かならず宇宙服を着ましょう。

宇宙船

惑星と惑星の間は、とてもはなれています。例えば、地球から火星へは時速 100 キロメートルの車で飛ばしたとして、少なくとも 65 年かかります。着くころにはおじいさんおばあさんになってしまいますので、スピードが出る宇宙船を用意しました。惑星に着いても、あんぜんが確認できるまで、基地として使えます。

食べ物

きほんはないと思ってください。たくさん持って行けるようにかわかしてカラッカラにした軽い食べ物を用意しました。宇宙船や基地で水やお湯を入れるともとにもどる宇宙食です。持って行きましょう。

飲み物

火星、月では水が見つかっていますが、水も持って行きましょう。水は、宇宙食をもどすときにも使えますし、すうための空気をつくることもできます。

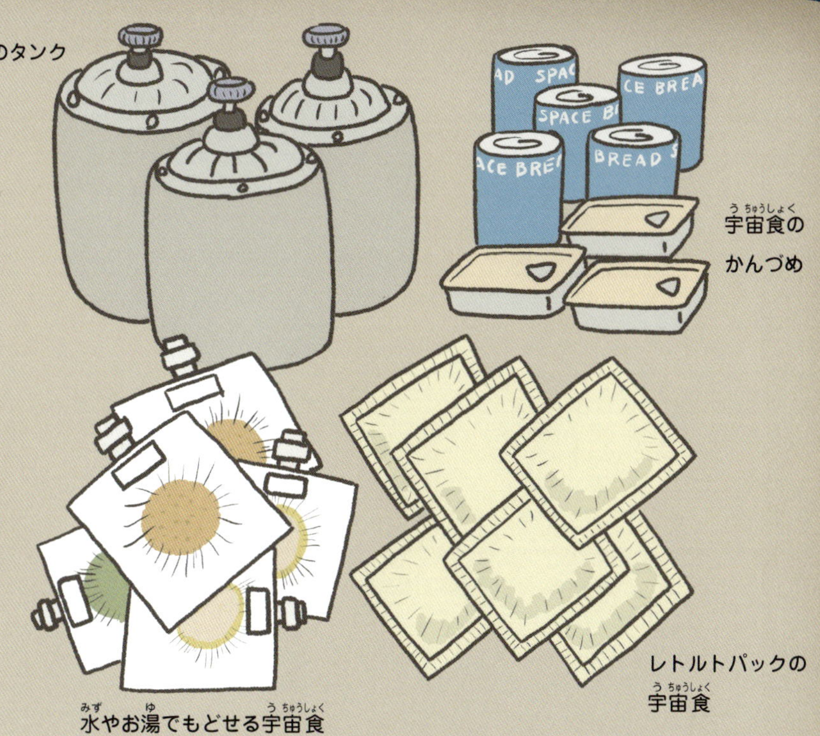

きれいにしてから出発してください

人が行っていない惑星で見つけたものは、すべて大発見です。でも、土やタネ、細菌など、見つけたものが、自分が知らないうちに地球やほかの惑星から持ってきてしまったものだったらだいなしです。身のまわりや、宇宙船などはきれいにしてから出発しましょう。

もしも、いきものにあった場合…

地球以外の惑星では、まだいきものはみつかっていません。でも、水がある、または水があったと思われる惑星には、もしかしたら、いきものがいるかもしれません。なぜかというと、地球のいきものも海の水の中でうまれたからです。もし、わかり合えそうないきものに出会ったときは、ことばは通じなくても、音楽なら通じるかもしれません。ためしてみましょう。

大きな山や谷の赤い星

火星

大きさは？

地球の半分くらいの大きさ。

おもさは、火星10こ分でやっと地球の1こ分くらいしかない。

重力は？

30キログラムの体重の人が11キログラムに。

どんな惑星？

地球のすぐ外側を回っている惑星。火星の表面の岩は鉄が多く、さびて赤くなっている。地球から望遠鏡で見ても赤い色がわかる。

氷だけど水が見つかっていて、地球と同じように季節の変化がある。

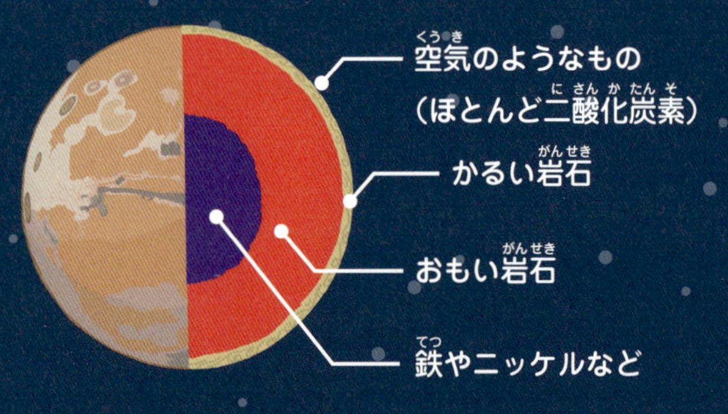

北極

水の氷やドライアイスがある。氷の量は季節によってへったりふえたりする。

アキダリア平原

テンペ大陸

カセイ峡谷

クリュセ平原

エクス渓谷

ルナ高原

マリネリス峡谷

長さ5000キロメートル、深さ7キロメートルもある。

エオス渓谷

アルギレ平原

南極

水の氷やドライアイスがある。氷の量は季節によってへったりふえたりする。

アイスキャップという北極の氷は、うずまきの形！

水が見つかっているなら、いきものがいるかもしれないわね！

衛星とは地球にとっての月みたいな星のことだよ

ダイモス

火星には衛星があるよ

火星のまわりを回る衛星はフォボスとダイモスの２つ。火星の引っぱる力につかまった小惑星だといわれている。

フォボス

ロボットが出(で)むかえてくれるよ

じつは、火星(かせい)にはすでに
地球(ちきゅう)から送(おく)りこまれたローバーと
よばれるロボットたちがいるよ。
ロケットで6～8ヶ月(かげつ)かけて
やってきたんだ。
火星(かせい)のことをしらべて、
地球(ちきゅう)に知(し)らせてくれているよ。
火星(かせい)の砂(すな)にはまったり、
こわれてしまったりしていたら、
助(たす)けてあげようね。

基地(きち)に着(つ)いたら、まずは大(おお)そうじ

砂嵐(すなあらし)や竜巻(たつまき)がおきると、
火星(かせい)ぜんぶをおおうような砂嵐(すなあらし)も
おきるよ（「黄雲(こううん)」というんだ）。
砂(すな)ぼこりがまいあがる火星(かせい)は、
「まるで30億年(おくねん)そうじして
いないようなところ」
なんていわれているほどなんだ。

空気のようなものもあるけれど、息はできない！

火星には、うすいけど
空気のようなものがある。
でも、そのほとんどが
二酸化炭素だから息はできないんだ。
もし、火星でヘルメットを取って、
息をすおうとしたら
すごく苦しい
はずだよ。

カイコをそだてよう

火星での食べ物として
考えられているのが、
カイコだ。カイコのさなぎは、
ゆでるとおいものような
味がしておいしいよ！
さらに、カイコは糸を
出すので、絹の服も
つくれちゃう。

おススメスポット1

休日は、オリンポス山にちょうせん！

火星の大きさは、地球の半分くらいだけれど、
火星のオリンポス山の高さは、
地球で一番高いエベレスト（8,848 メートル）
を２こつみ上げてもまだ足りない。
約２万 5,000 キロメートルもあるんだ！
太陽のまわりを回る惑星の中でも一番高い火山だよ。
のぼるときは、できるだけ長めの休みが必要だね。

おススメスポット❷

マリネリス峡谷を探検しよう！

火星にあるマリネリス峡谷は、太陽のまわりを回る
惑星の中でほかにないくらい大きな谷だよ。
全長約 5,000 キロメートル、
その深さは、7キロメートル！
谷の上から、底から、その壮大な景色を楽しもう。

空が青くなったら基地へ帰ろう！

地球の夕焼けは赤いけれど、火星の夕焼けは青いんだよ。
火星は、あたたかいときは 20℃くらいあるけれど、
夜になるとマイナス 130℃くらいになっちゃうんだ！
夕焼けが始まったら早く基地に帰ろうね。

地球とにているね！

NASAの火星ローバー
「キュリオシティ」が撮影した
火星の表面のようす
©NASA/JPL-Caltech/MSSS

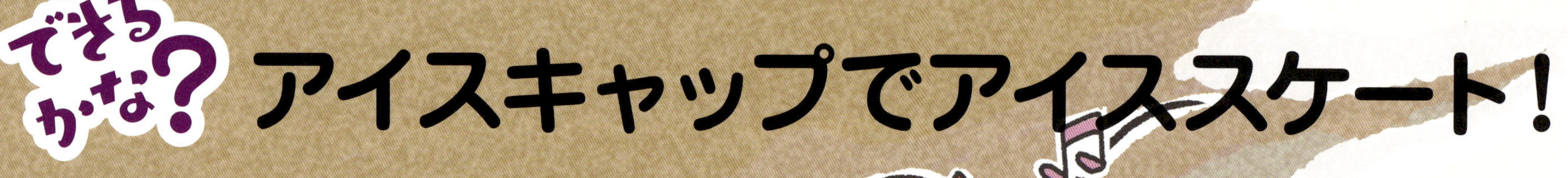

できるかな？ アイスキャップでアイススケート！

火星の北極には、アイスキャップとよばれる
うずまきもようの氷があるよ。
二酸化炭素がこおったドライアイスと、
水の氷があるらしい。
スイスイすべれるといいね。

なんだろう？ ブルーベリーがころがっている!?

火星の地面で、４ミリメートルくらいの
小さい丸い石が見つかっていて、
その形からブルーベリーとよばれている。
川の水が流れてできた？　とか、
隕石がぶつかってできた？　とか
考えられているんだ。しらべてみよう！

会えるかな？ 火星に住むいきもの!?

火星の地面には、水が流れて
できたようなあとがたくさんあるんだ。
しかも、北極の方では、
こおっている水が見つかっている！
もし水があるなら、いきものが
いるのかもしれないね。
とつぜん火星のいきものに
会ってもいいように、
心の準備をしておこう。

ちょっと足をのばして

火星のまわりを回っている衛星で火星を外から観光しよう！

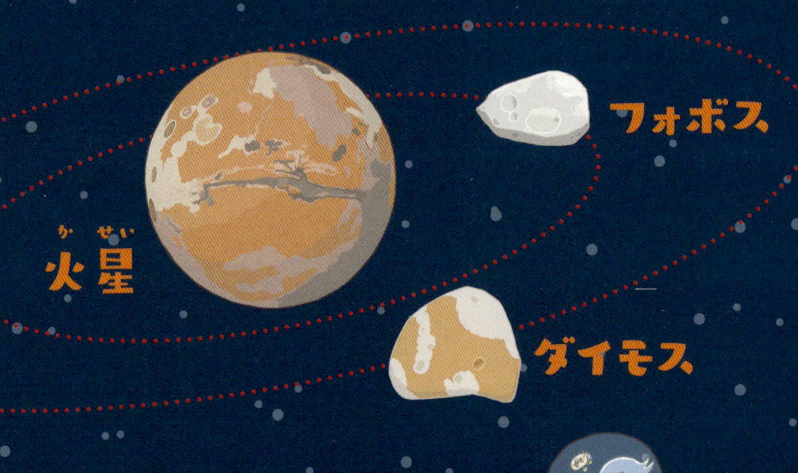

衛星フォボスは、ダイモスよりも火星の近くを回っていて、
だいたい 8 時間で火星を一回りする。ダイモスは、だいたい 30 時間で火星を一回りするよ。
だから、近くで火星を見たいときはフォボスから、
のんびり火星を見たいときはダイモスからがおすすめ。
フォボスやダイモスから見える火星は、地球から見える月より、ずっと大きく見えるよ。

のんびり見たいときはダイモス

フォボス

近くで見たいときはフォボス

火星

衛星フォボスは、火星の近くを回っていて、火星に近づいたりはなれたりをくりかえしている。
今後、フォボスが火星に近づきすぎると、火星の引っぱる力でフォボスがこわれてしまうかもしれないんだ。
だから、家を建てるならフォボスではなくダイモスにしておこう。

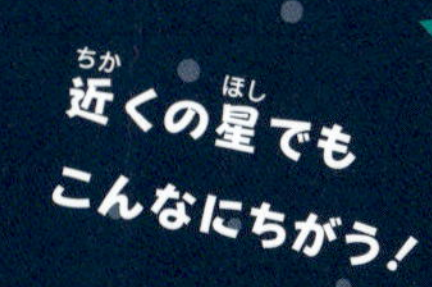

くらべてみよう

火星の衛星 フォボスとダイモス

フォボスは、クレーターなどがあってゴツゴツした形。ダイモスは、フォボスにくらべて表面がなめらかだね。

フォボス

©NASA/JPL-Caltech/University of Arizona

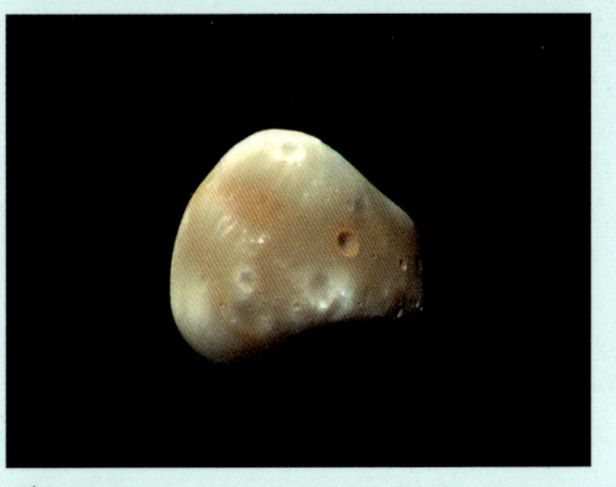

ダイモス

©HiRISE, MRO, LPL (U. Arizona), NASA

小惑星帯を通り抜けよう

宇宙はとっても広い。小惑星がたくさんあるといっても、
じつは小惑星と小惑星の間は、とってもはなれているんだ。
小惑星帯のまん中に行っても、小惑星が１つも見えないくらい！

あぶない〜!

映画では小惑星にぶつかりそうになってたけど…

あれ？

彗星きれいだね

\今ココ!/

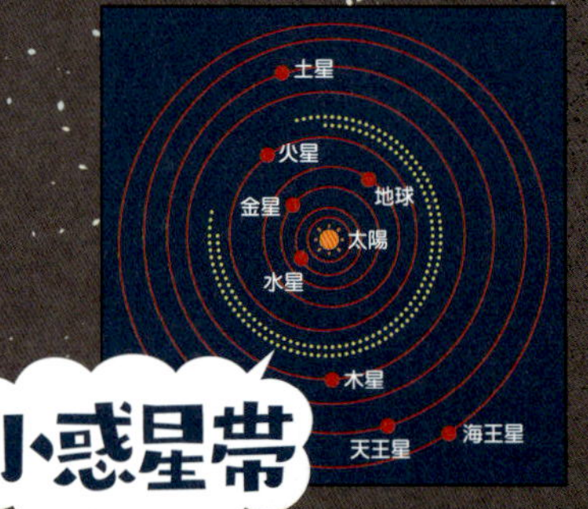

火星から木星に行く間には、小惑星帯といって、
小さいでこぼこした岩「小惑星」がたくさんある場所がある。
わかっているだけでも数十万の小惑星が太陽のまわりを回っているよ。

きれいな彗星を撮影できるかも？

小惑星

宇宙では、ほうき星ともいう彗星が
遠くから飛んでくるよ。
小惑星の中には、太陽に近づくと、
ガスを出して長いしっぽのある
彗星になるものもあるよ！

小惑星

雲とうずの星

木星

大きさは？

太陽のまわりを回る惑星の中で一番大きくて、おもさは、地球318こ分くらい。

横の長さは、
地球11こ分くらい。

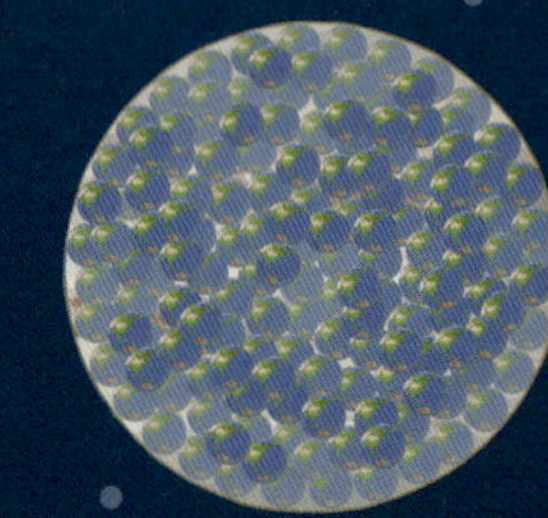

中に地球が1300こ
くらい入っちゃう大きさ。

重力は？

30キログラムの体重の人が71キログラムに。

どんな惑星？

すごく強い風がふいていて、雲が流されている。太陽から遠いので、外がわは、とても冷たく、マイナス140℃。まん中は、まわりからぎゅーっとおされていて、とても熱く、約2万℃もある。

雲が流れているところ
ドロドロしたところ
岩石と氷など

着陸しよう！

でも地面はどこ？
雲のかたまりよ！

北極

くらい雲
低いところの風にふかれているあたたかい雲。

明るい雲
高いところの風にふかれている冷たい雲。

大赤斑
グレート・レッド・スポット
Great Red Spot
地球が2～3こ入るくらいの大きな台風のようなうず。赤く見える。

＼今ココ！／

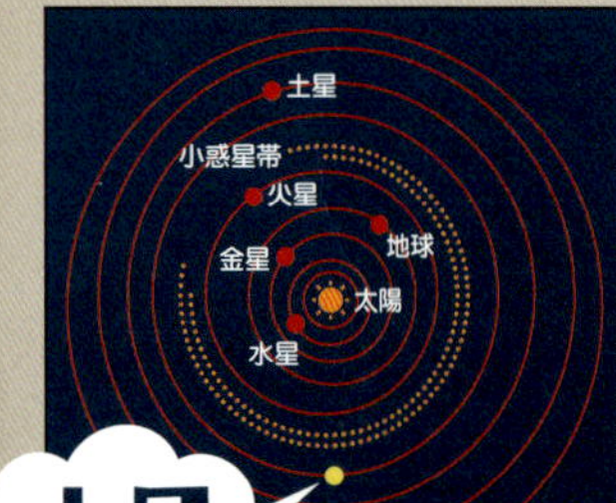

木星

南極

オーロラ

木星の南極と北極には、地球のものよりも100倍明るいオーロラがかがやくよ。

衛星とは地球にとっての月みたいな星のことだよ

ガニメデ

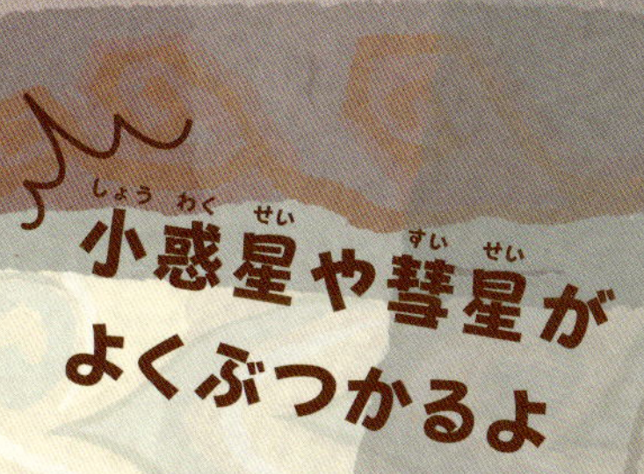

木星には衛星があるよ

木星のまわりを回る衛星は、60こ以上見つかっていて、大きいものはこの4こ。

レッド・スポット・ジュニア

Red Spot Junior

大赤斑よりも小さい、赤く見えるうず。

木星の中では巨大なかみなりがおきている！

白斑

白く見えるうず。

木星の1日は、地球の1日の半分もない！

地球の1日は、24時間。木星の1日は、9時間半。
地球が1回転する間に木星は2回転している。
地球の時間でおひるごはんを食べようとしたら、
木星の時間では、ねる時間になっている感じかな。
体調管理に気をつけよう。

流れる雲の向きがちがう！

木星の表面を高速で流れる雲は、流れる方向が東向きだったり、西向きだったりする。
雲を近くで見るときは、なかまとはぐれないように気をつけよう。

木星の雲の流れの向き

おススメスポット

ダイナミックなうずが見どころ

とくに、木星の北極にある、まわりを８つの小さいうずにかこまれたうずは必見だ。

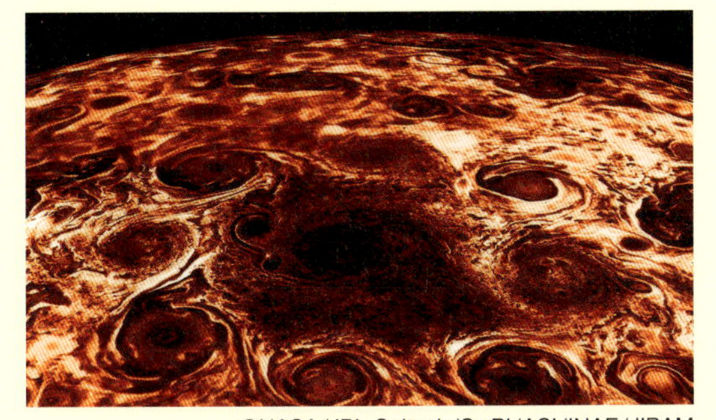
©NASA/JPL-Caltech/SwRI/ASI/INAF/JIRAM

うずの形(かたち)が
おもしろいね！

NASAの木星探査機ジュノーが撮影した
木星の南半球のようす
©NASA/JPL-Caltech/SwRI/MSSS/Gerald Eichstädt/ Seán Doran

木星の衛星にも行ってみよう！

木星の衛星イオには、火山がたくさんあって、ふん火している。
黄色い硫黄もふき出している。その熱さや硫黄のにおいは、
地球の温泉とくらべものにならないくらいすごいはずだ。

木星の衛星エウロパは、
氷におおわれているけれど、
その下には海があるといわれているんだ。
海があるならいきものがいるかもしれないね！

わっかと衛星の星

土星

大きさは？

太陽のまわりを回る惑星の中で、木星の次に大きい。中に地球が755こくらい入っちゃう大きさなのに、おもさは、地球95こ分くらいとスッカスカ。もしも水に入れることができたらうかんじゃうんだって！

横の長さは、地球9こ分くらい。

重力は？

30キログラムの体重の人が27キログラムに。

どんな惑星？

ほとんど雲でできているような惑星。すごい速さで回っているから土星の本体の形はけっこう横にふくらんでいるよ。そして、なんといっても大きなわっかが特徴的。わっかは岩石や氷があつまったものだよ。

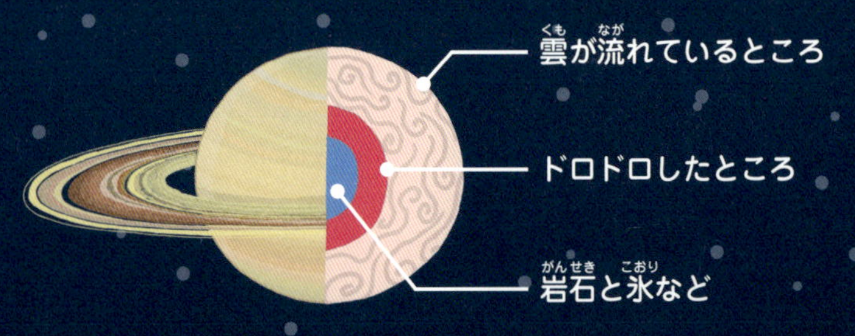

わっか

見えないオーロラがかがやいている

人の目には見えないけれど、紫外線という光が見える望遠鏡で見ると、オーロラが見える。

白斑
白く見えるうずがあらわれる。

南極
台風の目のようなものがある大きなうずがある。

\今ココ！/

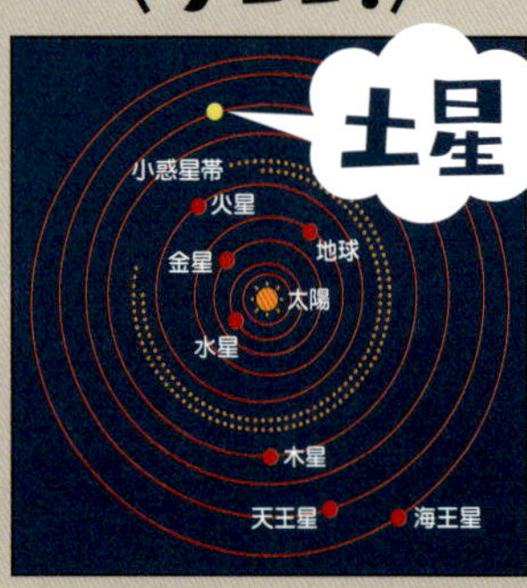

土星にはたくさんの衛星があるよ

土星のまわりを回る衛星は、60こ以上見つかっていて、その中でも一番大きいタイタンには、空気のようなものがあるよ。

エンケラドス

レア

ディオネ

タイタン

北極

六角形のうずがある。

しましま

木星よりも目立たないけれど、雲の流れるしましまがある。

わっかは、じつは氷や岩石があつまったもの！

近くで見ると、いくつものわっかでできていて、すき間もあるよ。

土星のわっかの横はばは23万キロメートルもある。1,000本以上の細いわっかでできているよ。

土星のわっかに近づくと、
わっかは氷や岩石でできているのがわかるよ。
だから、のっかったり、走ったりすることはできないんだ。
ほとんどが水の氷で、明るいわっかは、大きな氷、
暗いわっかは、小さい氷が集まってできているよ。

巨大なうずにまきこまれるな！

土星の南極には、すごい速さでまわっている大きな嵐のうずがあるよ。
その真ん中は、空気が下に入りこんでいて、
地球の台風のような「目」があるんだ。近づきすぎるときけんだよ！

おススメスポット

土星の北極の、きれいな六角形のうず

土星の北極にも大きなうずがある。こちらはなんときれいな六角形の形をしているよ。地球が2こと半分くらい入る大きなうずだ。

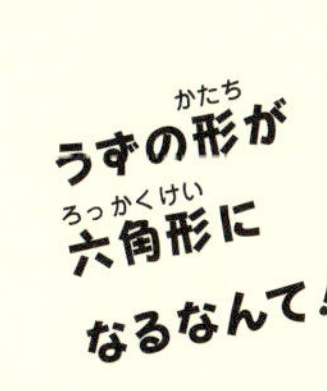

©NASA/JPLCaltech/Space Science Institute

明るいところと暗いところがあるね！

土星探査機カッシーニが観測した
土星のわっかのようす

©NASA/JPL

ちょっと足をのばして

土星の衛星にも行ってみよう!

土星の衛星タイタンには、空気のようなものがある。
水ではないけれど雨がふっていて、
それらが流れる川や湖があるよ。
そんな風景を見ていたら地球を思い出して
少しだけホームシックになってしまうかも。
なつかしくなっても、
宇宙服を着ないで基地から出ちゃいけないよ。
基地の外では人は生きられないから。

エンケラドスで氷の火山を見よう

土星の衛星エンケラドスには、
氷をふき出す氷火山があるよ。
ふき出す高さは数千キロメートル！
じつは、このふき出した氷の中に、
いきものの材料になるものが
見つかっているんだ。
いきものがいるかもしれないね！

横だおしの青い星

天王星

大きさは？

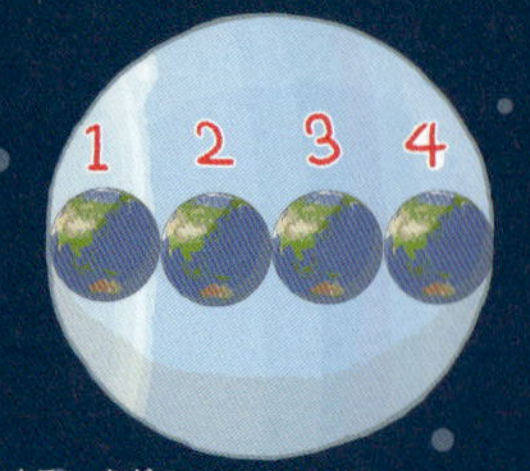

横の長さは、地球の4こ分くらい。

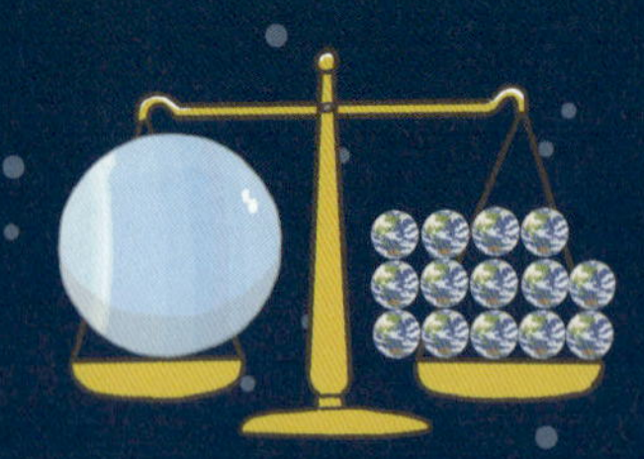

おもさは地球が14こ分くらい。

重力は？

30キログラムの体重の人が26キログラムに。

どんな惑星？

ほかの惑星とちがって、横だおしで回っている。天王星ができたときに、大きな星がぶつかって横だおしになったといわれているよ。

雲につつまれている惑星。雲には、メタンというものがたくさんあるので、外から見ると青くみえるよ。わっかが10本くらいあるけど、細くて暗いからよく見えないよ。

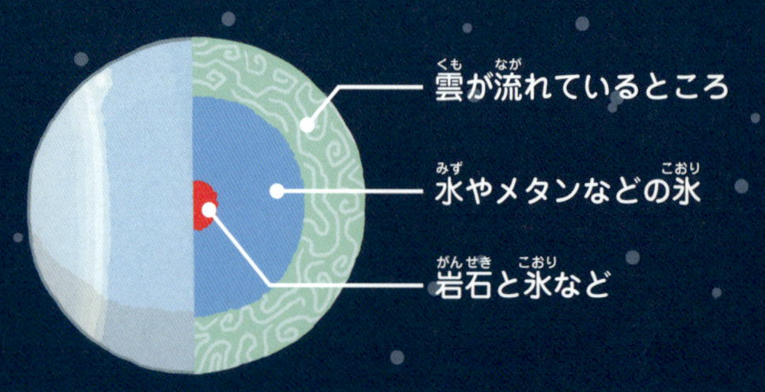

中は大きな雲とかみなりの世界

白斑

大きなかなとこ雲が太陽の光でキラキラ光って見えているらしい。

暗斑

下にある雲がうすくなって暗く見えるらしい。

北極

天王星には27この衛星があるよ

この５つの衛星は、五大衛星とよばれているよ。

アリエル

ミランダ

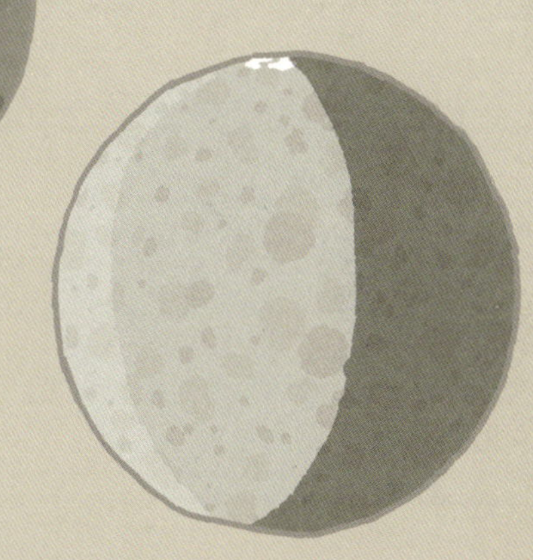

天王星はおならのにおい!?

天王星の雲の上にある空気のようなものの中には、硫化水素というたまごのくさったような、おならのようなにおいがするものが入っているよ。

一面、キラキラ氷の世界！

天王星は巨大氷惑星「アイスジャイアント」とよばれているよ。
宇宙船にのって、天王星の雲の中に入っていこう。
上の方の雲の中では、水やメタンなどの氷のつぶがキラキラまっているはず！

昼の基地と夜の基地を行ったり来たり

天王星は、横だおしで回っているので、
一方の面で42年昼が続いて、
もう一方の面で42年夜が続くよ。
だから、それぞれの面につくった基地を
行ったり来たりして、自分で昼と夜をえらぼう。

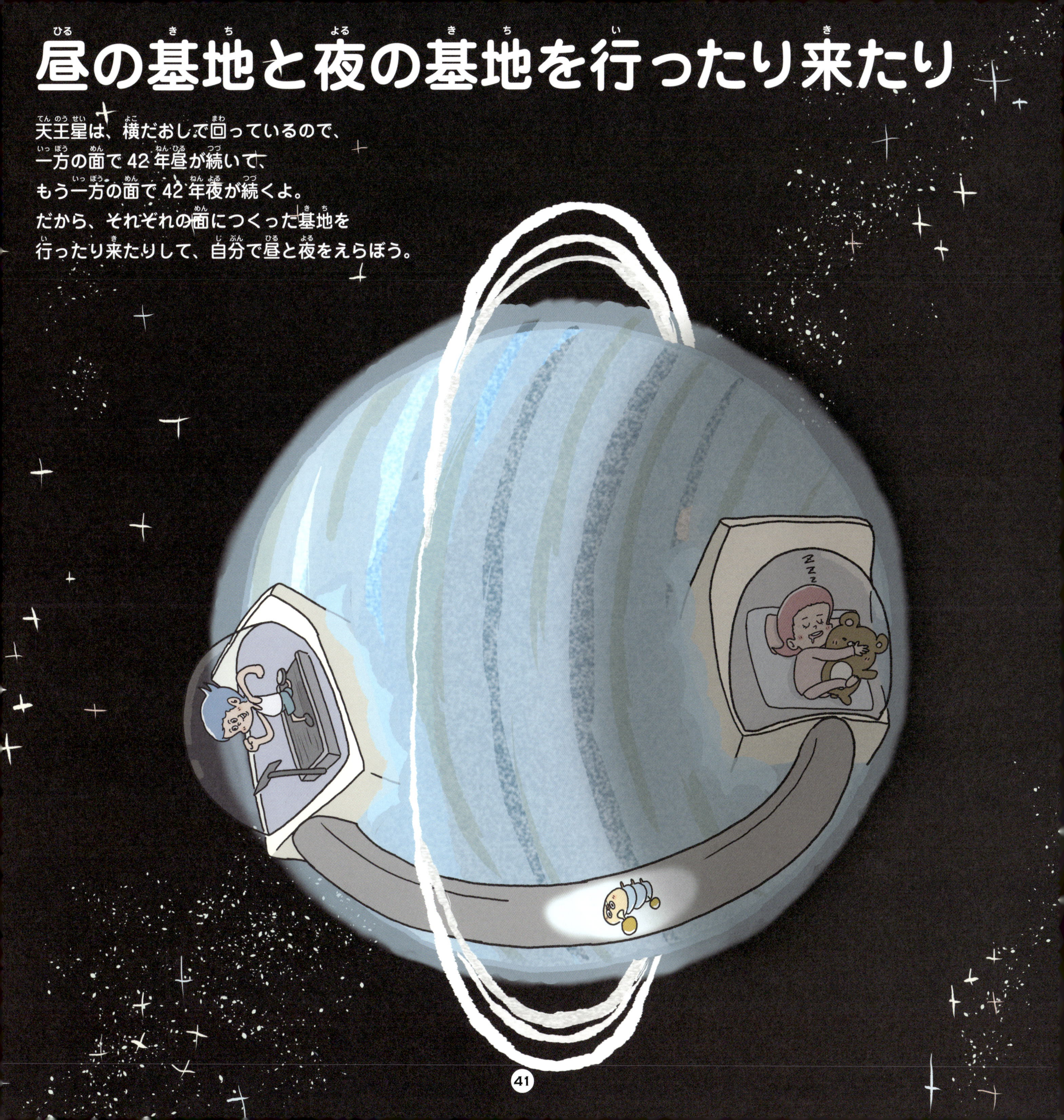

太陽から一番遠い青い星

海王星

大きさは？

横の長さは、
地球の4こ分くらい。

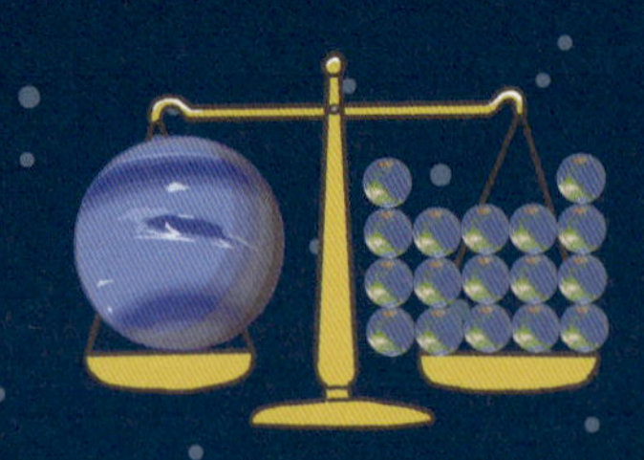

おもさは
地球が17こ分くらい。

重力は？

30キログラムの体重の人が34キログラムに。

どんな惑星？

太陽から一番遠いところを回っているので、とてもさむい、氷の惑星。

雲につつまれている惑星。雲には、メタンというものがたくさんあるので、外から見ると青く見えるよ。

わっかが5本あるけれど、とても細いからよく見えないよ。

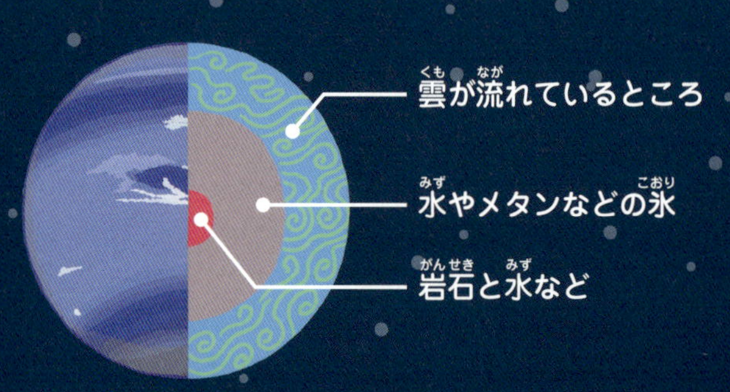

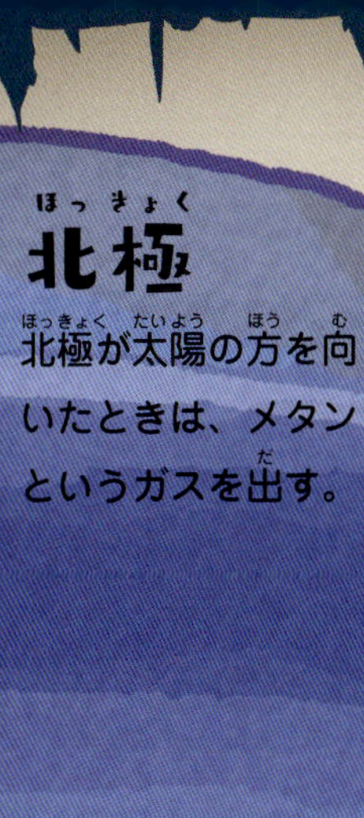

北極

北極が太陽の方を向いたときは、メタンというガスを出す。

大暗斑

中が見える大きなうず。ちぢんだり、のびたりする。今はもう見つかっていない。

南極

メタンというガスをどんどん出している。

海王星には14この衛星があるよ

一番大きい衛星がトリトン。そのほかの衛星は、小さい岩のような衛星で、まんまるい形はしていないよ。

トリトン

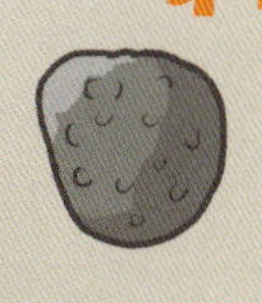

ガラテア

ダイヤモンドがふっている!

海王星の中では、まわりからの大きな力でおしつぶされてできた大きなダイヤモンドがゆっくりしずんでいっている。きけんだから取りにはいけないよ。

海王星の強い風でウィンドサーフィン

海王星の表面では、メタンの雲が風に流されているよ。
風をつかまえて雲の上をサーフィンしよう！
ちなみに、風の速さは、音の速さよりも速い
時速 1,440 キロメートル！

ちょっと足をのばして
海王星の衛星にも行ってみよう!
海王星
トリトン
トリトンは、どうやって海王星の衛星になったのかわかっていないなぞの衛星。ちっ素やメタンというものをふき出す火山があるよ。海王星が引っぱる力で、いずれこわれて、海王星にぶつかるか、海王星のわっかになる運命らしい。
トリトンから海王星をながめる
すごく遠くに来てしまった気がするね。

地球の兄弟みたいな星

金星

大きさは？

地球よりもちょっとだけ金星の方が小さいけれど、地球とほとんど同じ大きさ。

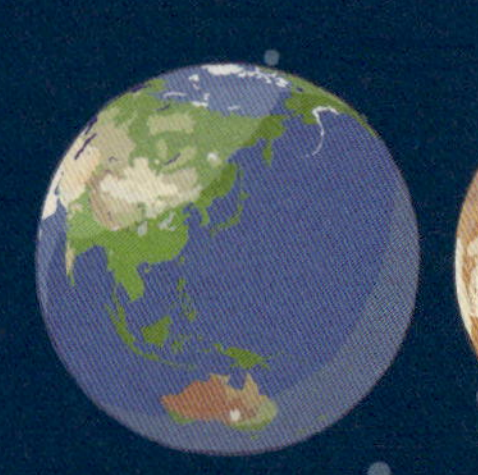

おもさも、地球よりちょっとだけかるい。

重力は？

30キログラムの体重の人が27キログラムに。

どんな惑星？

大きさもおもさも地球とにている星。空気のようなものもあるけど、ほとんどが二酸化炭素というもので、いきはできない。雲でつつまれていて、とても強い風がふいている。表面の温度は500℃ととても熱いよ。

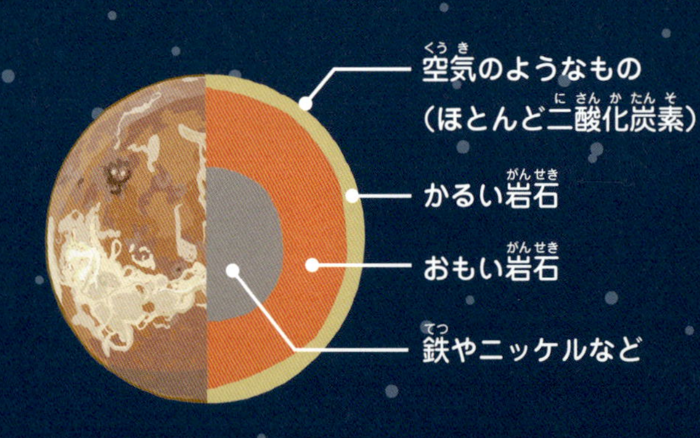

ながーいみぞがあるよ！

5,000キロメートルも続く長いみぞがあるよ。とても熱い溶岩が流れてできたらしい。

マアト山

高さ8,000メートルもある火山。まわりに溶岩が流れたあとがひろがっているよ。

ふきあれる強い風 スーパーローテーション

外から見ると

金星を外から見ると、雲でつつまれていて地面は見えないよ。そして、その雲はすごい速さで風にながされていて、スーパーローテーションとよばれている。どうしてそんなに速いのかはなぞ。

太陽がのぼる方角は、地球と反対！

金星の回る向きは、ほかの惑星と反対向き。
だから、地球では太陽は東からのぼって西にしずむけれど、
金星では、西からのぼって東にしずむよ。
金星の雲の上で、初日の出を見るときは、方角に気をつけよう。

ずっとくもり 晴れの日はない

金星は、すっぽり雲につつまれていて、いつもくもり。
水ではないけど雲からは雨がふっている。でも、かさやレインコートはいらないよ。
地上がとっても熱いから、雨はふってくると中でかわいてしまって地上にまでとどかないんだ。
ちなみに、雨は濃硫酸というとってもすっぱいもので、人間には毒だよ。

パンケーキの山を探検しよう！

金星には、小さい火山がたくさんある。大むかしにふん火して、
溶岩がドロドロ流れたからかクレーターがないよ。
ネバネバの溶岩が下からモリモリ出てきてかたまったという
パンケーキの形をした山「パンケーキドーム」があるから、ぜひ行ってみよう。

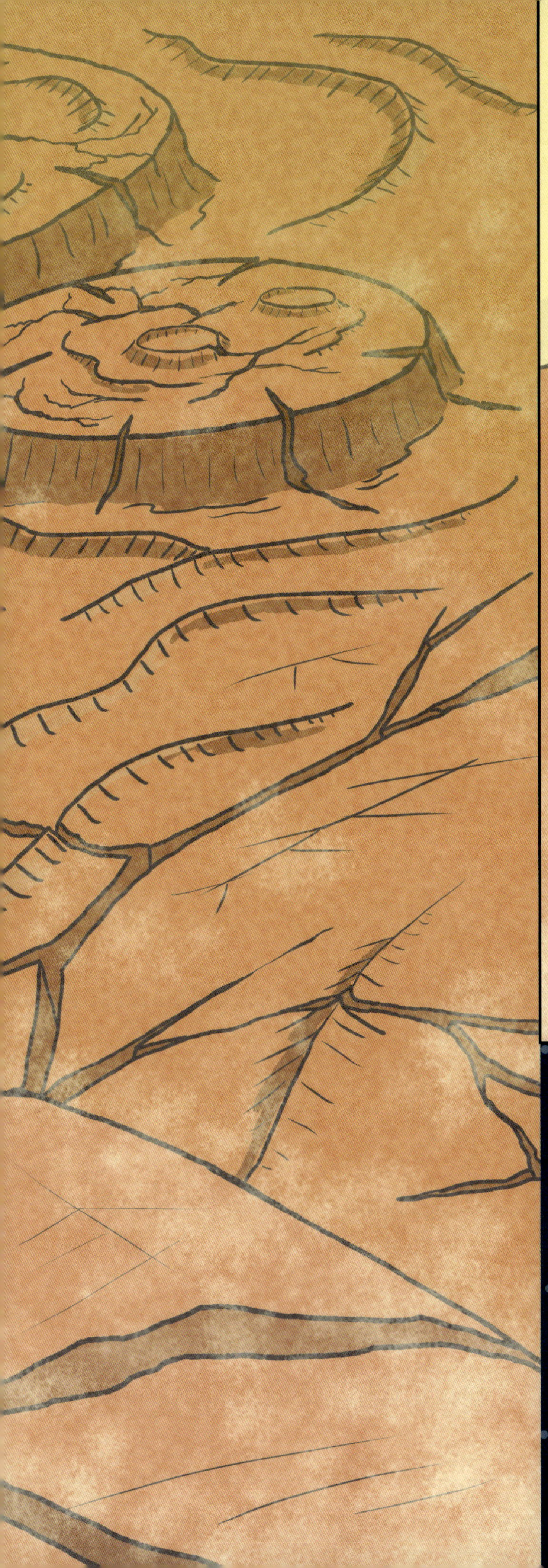

基地は強くつくろう

地球では、いつもまわりにある空気からおされているけど、それを気にしたことはないよね。でも、金星の空気のようなものがおす力は、地球の90倍もあるからおしつぶされないようにがんじょうな基地が必要だ。

おススメスポット

7つのパンケーキドーム

1つのパンケーキドームの大きさは横の長さが25キロメートル、高さは750メートルと大きいよ。

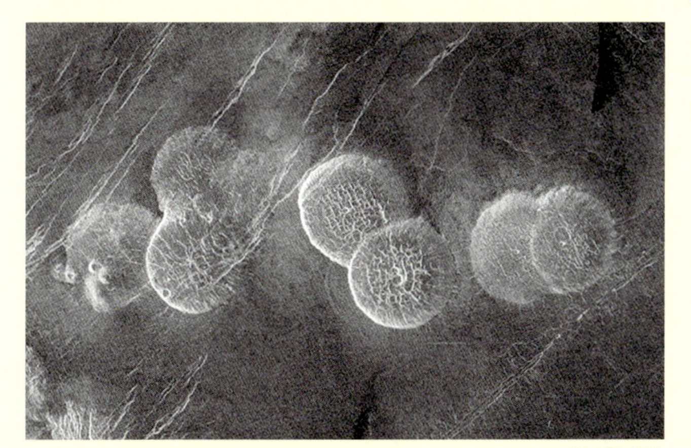

©NASA/JPL

クレーターばっかりの小さい星

水星

大きさは？

横の長さは、水星が2こと半分で地球1こ分くらいの大きさ。

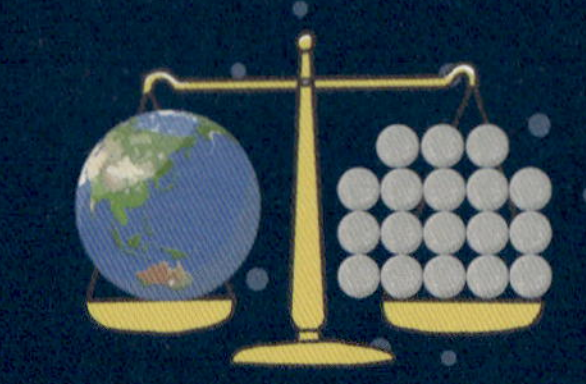

おもさは、水星18こ分でやっと地球の1こ分くらいしかない。

重力は？

30キログラムの体重の人が11キログラムに。

どんな惑星？

水星は、太陽に一番近いところを回っているので、強い光と熱が当たっているところはとっても熱いよ。でも、空気のようなものがほとんどないので、光が当たっていないところはとっても冷たくなる。表面に、隕石がぶつかってできたクレーターがたくさんある星だ。

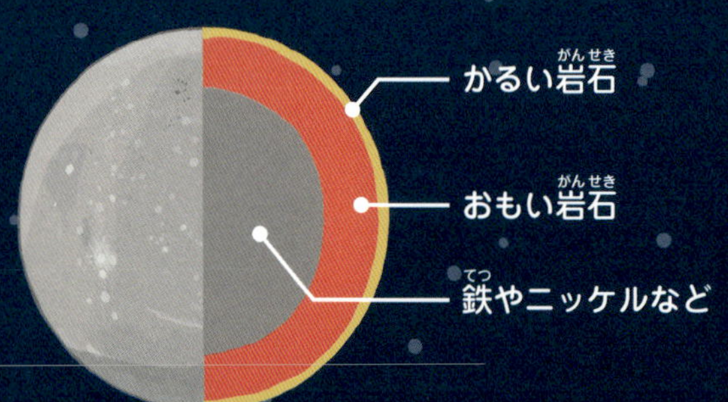

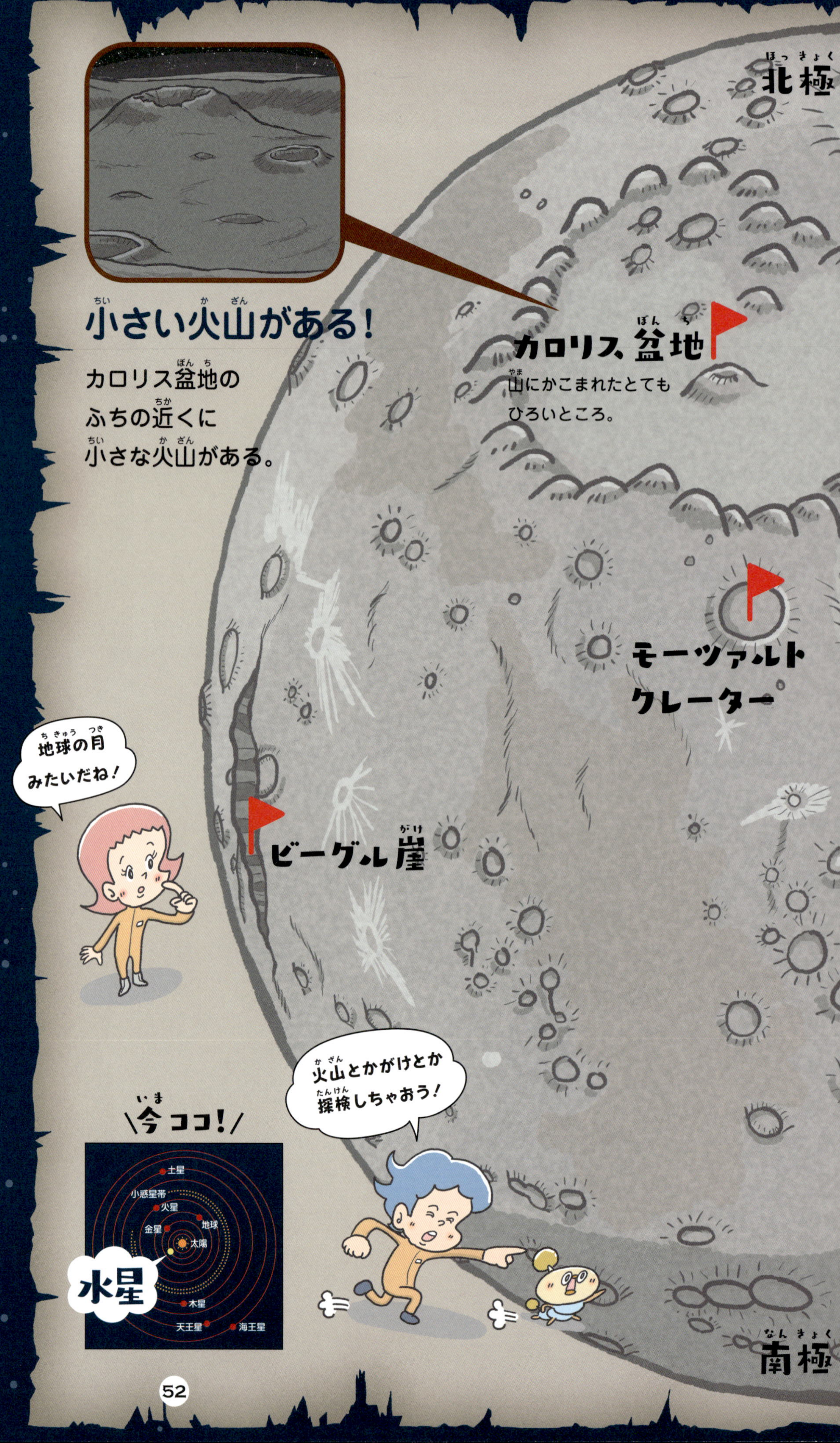

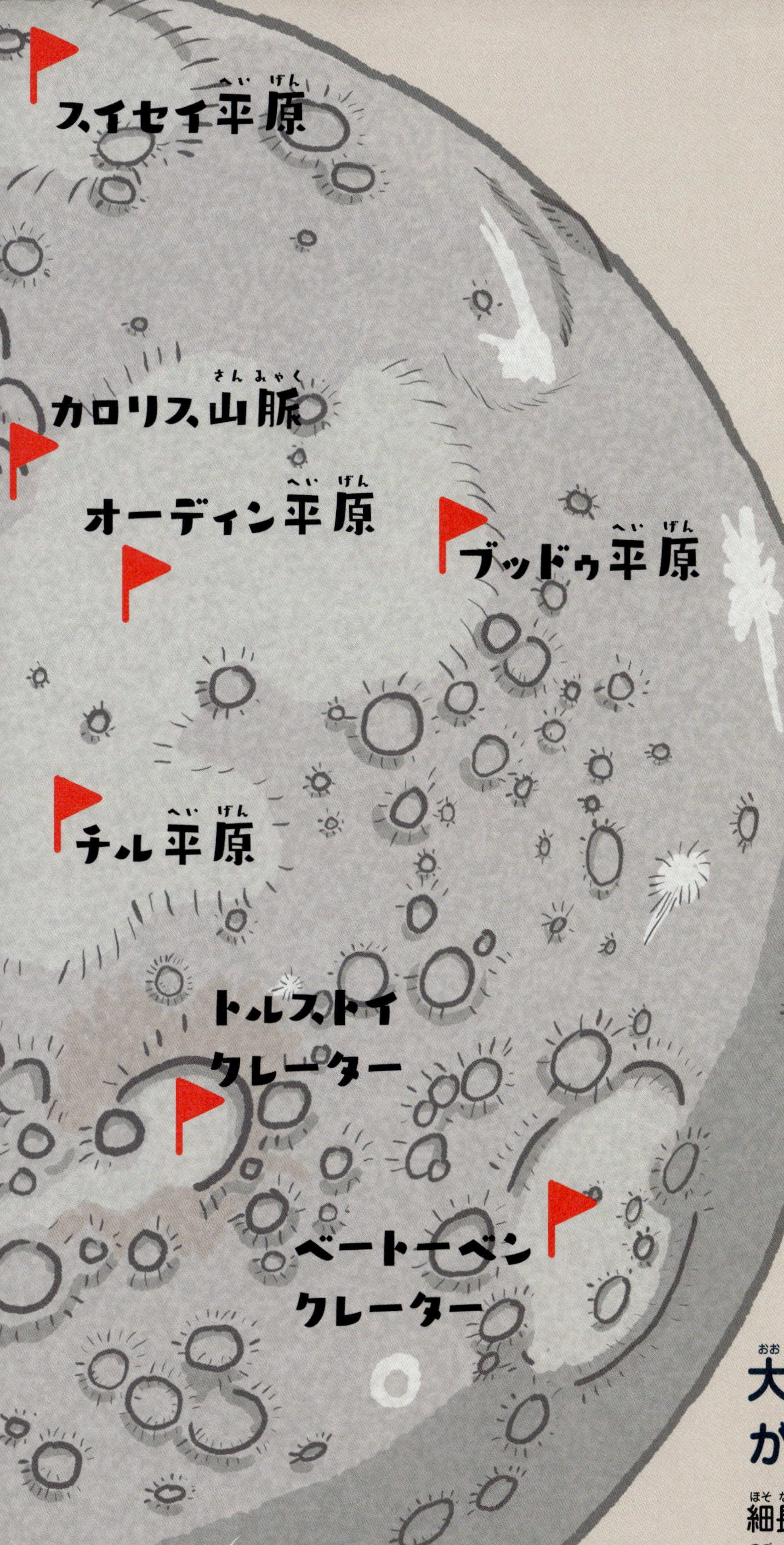

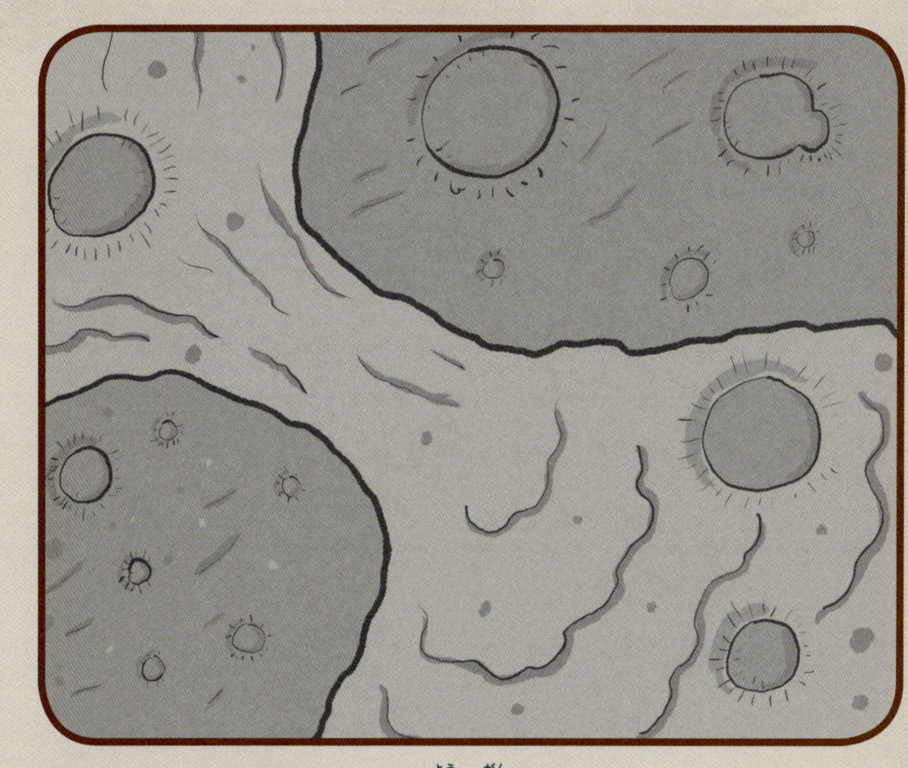

むかしドロドロの溶岩が流れたあとがある!?

ほそい道のようなものが、大きな盆地につながっているところがある。きっとむかし、火山がふん火していて、溶岩が流れたあとだね。

大きながけがある！

細長くて大きながけが続いているところがあるよ。地面がおされて上にもりあがってできたみたいだ。

クレーターに水の氷がある！

極の近くには、光がずっと当たらないクレーターがあって、水の氷がある。

水星では1年よりも1日のほうが長い!?

水星の1年は地球の88日分とかなり短く、1日は地球の176日分とかなり長い。
日の出から次の日の出までを水星の1日だとすると、
水星はその間に太陽のまわりを2回まわって2年がたってしまうんだ。
地球の1日や1年とはまったくちがうから年中行事も水星に合わせて考えなおそう。

昼と夜の温度のちがいに注意！

水星には空気がないので、
太陽の光が当たっているところは熱くて最高 500℃。
反対がわの暗いところは、
すぐに冷えてしまって最低マイナス 200℃と冷たい。
その温度のちがいは 700℃！
温度差がはげしすぎるので、
バテないように気をつけよう。

そのまま落ちてくる隕石に注意しよう！

地球には空気があって、隕石はもえて小さくなるから
大きな隕石が地面に落ちてくることは少ない。
でも水星には空気がないから、隕石はそのまま落ちてきて地面にぶつかる。
だから水星には、クレーターがたくさんあるんだ。

光と熱の大きな大きな星

太陽

大きさは？

太陽の大きさは、なんと！ 中に地球が130万こ入っちゃうくらい！ おもさは、地球が33万こ分！ とにかく大きい。

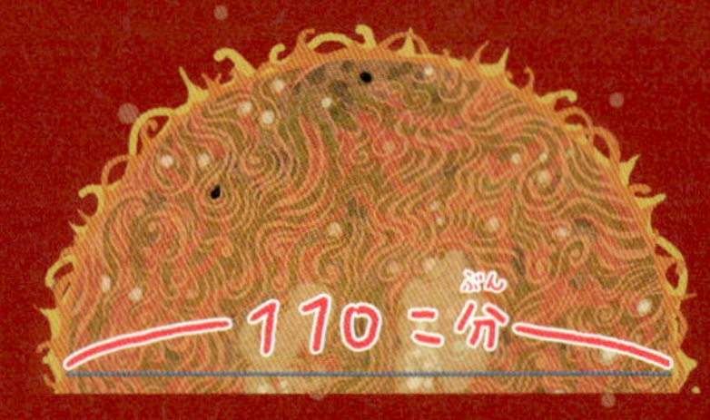

横の長さは、地球110こ分くらい。

重力は？

30キログラムの体重の人が800キログラムに。

どんな惑星？

恒星といって、自分で光っている星。とても大きいから、引っぱる力も大きいので、小さい地球などほかの惑星は太陽に引っぱられながら、そのまわりを回っているよ。表面の温度はとっても熱く、だいたい6,000℃。真ん中の方はなんと1,500万℃！

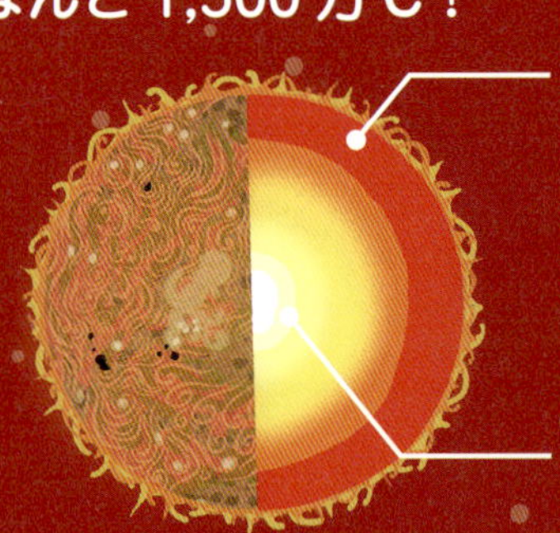

真ん中でできたエネルギーは、100万年以上もかかって外に出る。

大きなエネルギーをつくっているところ。

光球
太陽の表面。6000℃。

彩層
光球の外がわの太陽の空気のようなもの。1万℃。

黒点
まわりよりも温度がひくくて黒く見えるところ。太陽が回っているので、東から西にうごくよ。4000℃。

フレア
彩層でおきるばくはつ。2000万℃。

太陽も地球と同じように自分でも回っているよ。

\今ココ！/

プロミネンスの高さは
5万〜10万キロメートル！

プロミネンス
大きなガスのアーチ。
1万℃。

太陽の光であたためられているから、
地球でいきものが生きられるんだよ。

太陽の光が地球に
とどくのには8分かかるよ！

スピキュール
ツンツンした大きなガス
のはしら。

白斑
まわりよりも温度が高く
て白く見えるところ。

粒状斑
太陽全体にあるつぶつぶ
のもよう。

コロナ
太陽のまわりので光かがやいてい
るところ。100万℃。

数日で行ける宇宙基地

月

大きさは？

月が4こで地球1こ分のくらいの大きさ。

横の長さは、月が4こで地球1こ分くらい

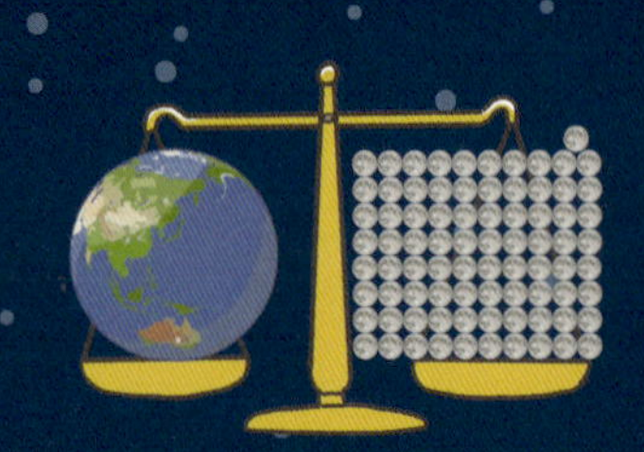

おもさは、月81こ分でやっと地球の1こ分くらいしかない。

重力は？

30キログラムの体重の人が5キログラムに。

どんな惑星？

月は地球のまわりを回っている衛星。かつて、アポロ宇宙船は4日と6時間かけて月にたどり着いた。地球も月も回っているけど、月はいつも地球に同じ面を向けて回っているから、地球から見えるもようはいつも同じだね。

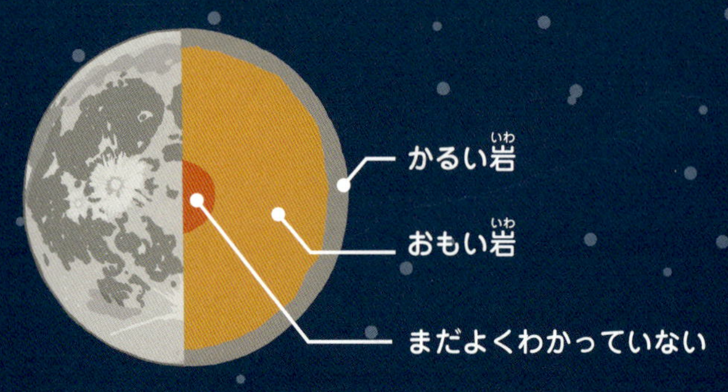

氷の海
夢の湖
晴れの海
危機の海
静かの海
蒸気の海
豊かの海
神酒の海
雲の海
ティコ
大きなクレーター。
月の表面には、
隕石がぶつかってできた
クレーターがたくさんある！
月のうらがわ
小さいクレーターがたくさんある。
地球からは見えない。

これが月面基地だ！

月はものを引っぱる力が地球の
６分の１しかないから、
ほかの惑星に行くための
ロケットの打ち上げも楽なんだ。
建物は、月の砂を材料にして
3D プリンタでつくるよ。
他の惑星へは
地球から向かうのではなく
月で準備を整えてから
出発しよう。

アンテナ
地球や宇宙船と
お話するよ。

月面車
宇宙服がのっているから、
それを着て
外にも出られるよ。

ソーラーパネル
太陽の光で
月で使う電気をつくる。

トラックターミナル
月のまわりを飛んで、いろいろな
ものを運ぶ宇宙船トラックが
出たり入ったりしている。

月面の家
人が住む場所。

宇宙船トラック
月のいろいろなところに
人や物を運ぶ。

植物園
地球のような
自然がある場所がないと
さみしいよね。

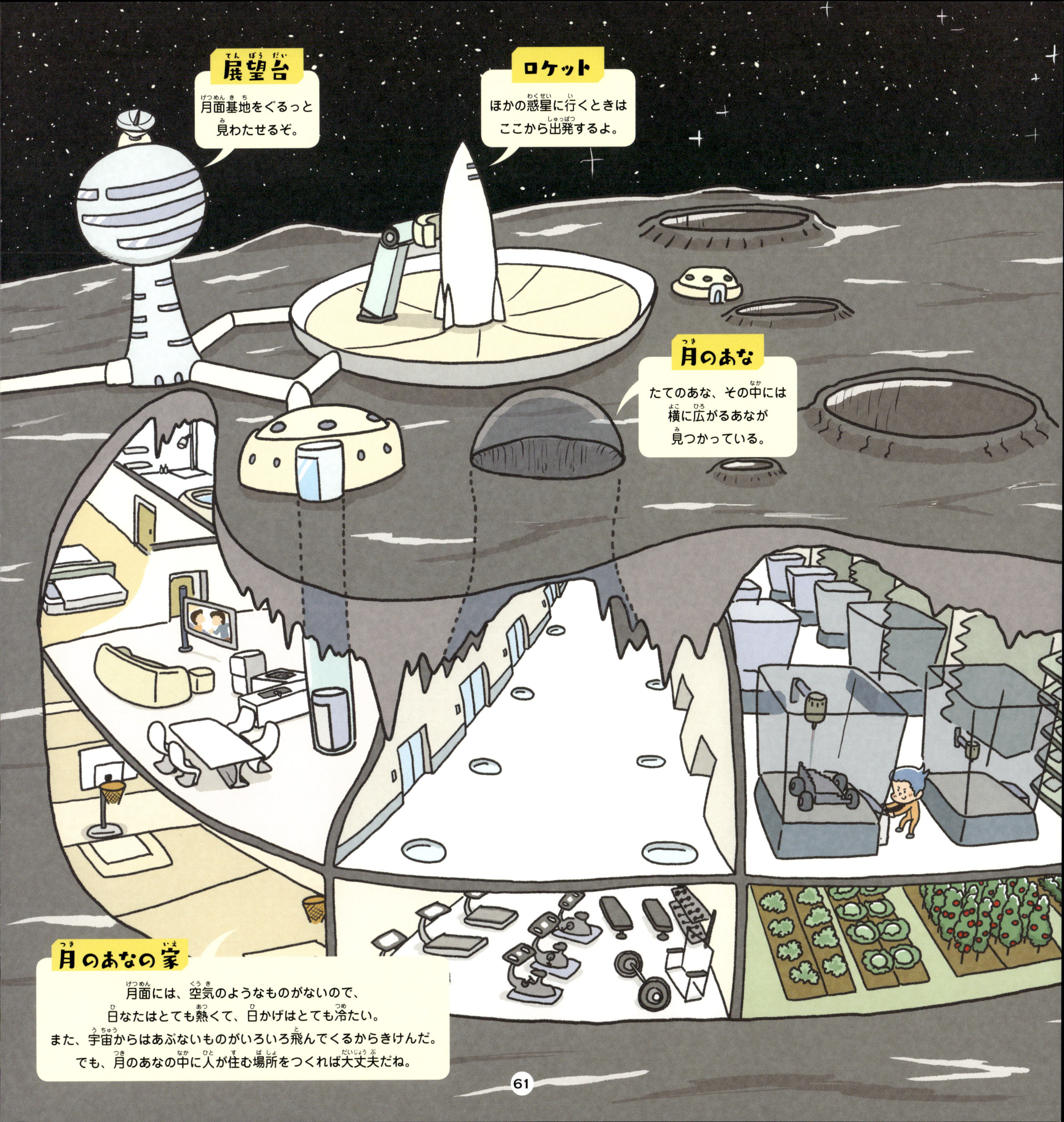
展望台
月面基地をぐるっと
見わたせるぞ。
ロケット
ほかの惑星に行くときは
ここから出発するよ。
月のあな
たてのあな、その中には
横に広がるあなが
見つかっている。
月のあなの家
月面には、空気のようなものがないので、
日なたはとても熱くて、日かげはとても冷たい。
また、宇宙からはあぶないものがいろいろ飛んでくるからきけんだ。
でも、月のあなの中に人が住む場所をつくれば大丈夫だね。

次はどこ行く？宇宙旅行計画

小惑星

小惑星は、まんまるい形ではなくごつごつした岩のような星で、
星ができたころのまま変わっていないところがたくさんある。
つまり、宇宙の歴史博物館みたいな星なんだ。
小惑星をしらべると、星やいきものがどうやってできたのか、
そのヒントがつかめるはずだ。

冥王星

むかしは惑星のなかまだった星だけれど、
今は冥王星と同じくらいの大きさの星が
たくさんみつかってきたので、
準惑星とよばれるなかまになった。
ハートのもようがあるかわいい星だよ。

宇宙は広く、まだまだ知らないことだらけです。
宇宙船にのりこんで、次の目的地をセットしてください。
準備ができたら出発しましょう！

地球

じつは、地球も知らないことだらけなんだ。
たとえば地球にある海は広くて深いので、
ほとんどしらべられていないよ。
地球のことをたくさん知ることは、
これから宇宙に行ったときにとっても役に立つし、
宇宙のことをしらべることは、地球でも役に立つよ。

遠くの地球ににた惑星

今回行った太陽のまわりを回る惑星には、
ざんねんながら地球のような星はなかったけれど、
もっと遠くには、地球ににた惑星が見つかっているよ。

著

宇宙兄さんズ

宇宙をテーマに、子どもたちの好奇心、冒険心、匠の心に火をつけるべく、実験、工作、トークショーありの公演活動を全国各地で行っている。財団法人日本宇宙少年団職員、ＪＡＸＡ宇宙教育センター職員を経て、現在、公益財団法人日本宇宙少年団職員。 NASA や JAXA の宇宙センターでのスペースキャンプ、宇宙飛行士との交信イベントなどの企画運営、全国各地で行われている宇宙教育活動の支援なども行っている。

絵

イケウチリリー

1974 年 鳥取県鳥取市生まれ。高校卒業後、大工を経て、2009 年に鳥取環境大学デザイン学科を卒業後上京。 セツ・モードセミナー、渋谷アートスクールを卒業し、イラストレーターに。 最新ニュースを追いかけるほど宇宙大好き。主な作品に『珍獣ドクターのドタバタ診察日記』（ポプラ社）、『笑うのだれじゃだじゃれあそび』（汐文社）、『お話 365 シリーズ』（誠文堂新光社）など。

カバー・本文デザイン　SPAIS（熊谷昭典　宇江喜桜）
ポスターデザイン　安居大輔（D デザイン）
編集　ことり社

参考文献

宇宙活動ガイドブック（JAXA 宇宙教育センター）
惑星のきほん（誠文堂新光社）
はじめてのうちゅうえほん（パイ インターナショナル）
太陽系観光旅行読本（原書房）
小学館の図鑑 NEO 宇宙（小学館）
学研の図鑑ライブ 宇宙（学研教育出版）
講談社の動く図鑑 MOVE 宇宙（講談社）
ふしぎがわかるしぜん図鑑 うちゅう せいざ（フレーベル館）
KNOWLEDGE ENCYCLOPEDIA SPACE!（DK）
3D 宇宙大図鑑（東京書籍）
insiders ビジュアル博物館 宇宙（昭文社）
天文キャラクター図鑑（日本図書センター）

もしも宇宙を旅したら　もしも宇宙でくらせたら

惑星MAPS ～太陽系図絵～

NDC44

2018 年 6 月 20 日　発　行

著　者　宇宙兄さんズ
発行者　小川雄一
発行所　株式会社 誠文堂新光社
〒 113-0033 東京都文京区本郷 3-3-11
（編集）電話 03-5805-7762
（販売）電話 03-5800-5780
http://www.seibundo-shinkosha.net/
印刷・製本　大日本印刷株式会社

Printed in Japan　検印省略

ISBN978-4-416-61877-6